动物的栖所

撰文/胡妙芬　　审订/杨健仁

中国盲文出版社

怎样使用《新视野学习百科》？

> 请带着好奇、快乐的心情，
> 展开一趟丰富、有趣的学习旅程！

1 开始正式进入本书之前，请先戴上神奇的思考帽，从书名想一想，这本书可能会说些什么呢？

2 神奇的思考帽一共有6顶，每次戴上一顶，并根据帽子下的指示来动动脑。

3 接下来，进入目录，浏览一下，看看这本书的结构是什么，可以帮助你建立整体的概念。

4 现在，开始正式进行这本书的探索啰！本书共14个单元，循序渐进，系统地说明本书主要知识。

5 英语关键词：选取在日常生活中实用的相关英语单词，让你随时可以秀一下，也可以帮助上网找资料。

6 新视野学习单：各式各样的题目设计，帮助加深学习效果。

7 我想知道……：这本书也可以倒过来读呢！你可以从最后这个单元的各种问题，来学习本书的各种知识，让阅读和学习更有变化！

神奇的思考帽

客观地想一想

用直觉想一想

想一想优点

想一想缺点

想得越有创意越好

综合起来想一想

? 在日常生活中可以看到
哪些动物的栖所？

? 你认为哪种动物最会
筑巢？

? 动物的巢穴有什么功能？

? 哪些动物的筑巢行为会带
给人类害处？

? 如果可能的话，你最想住
在哪种动物的家里？

? 人类的行为对生物的栖所
有什么影响？

目录

■神奇的思考帽

CONTENTS

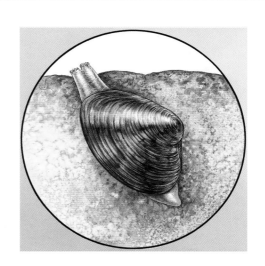

动物的栖所

（利用保护色的巢与蛋。图片提供/GFDL）

尽管许多动物居无定所，但也有不少动物拥有长久、固定的住家，或是随着生命不同阶段而有暂时的住所。

形形色色的栖所

许多动物会寻找现成的居所，但有些则靠自己的力量营造居所。大多数动物生来就具有寻觅或建造家园的本能，但也有少数是靠后天的学习，如黑猩猩。有些动物虽然在狭小的家中休息、育幼，但活动范围十分辽阔，或建

阿德利企鹅每年10月时南迁，准备繁殖。在筑巢、产卵之后，父母会轮流孵卵，不孵卵的利用空当到海里取食。

立很大的领域，如鸟类；相反的，有的只在栖所附近觅食，甚至终生不离自己挖掘的地下坑道，例如部分鼹鼠。

动物自己建造的栖所，外观、结构不同，大小差异也很大。有些巢穴的构造十分简单，例如阿德利企鹅用卵石做浅盘状的巢；有的则能建造精致、复杂、多功能的家居，像河狸会筑坝拦水，在河中建筑小屋般的巢。巢穴的大小，可以小到只有1间产卵室，如卷叶象鼻虫的"摇篮"；也可以成为庞大的家园，例如美洲草原犬鼠的地下社区，能容纳数千个居民！

河狸会在回巢的时候在较低的区域尽量弄干身体，之后才会回到"主卧室"。

除了人类之外，河狸也是会改变环境的动物之一。它们筑坝使水位升高形成小湖，以便筑巢，并在湖底储存食物，以备过冬。（插画/余首慧）

河狸的牙齿会不断增长，因此常用树干来磨牙。

河狸巢的出入口在水下，可防御敌害侵犯。

蚁狮将巢穴设计成陷阱，猎物不小心掉进去就很难逃脱。（图片提供/达志影像）

直喙蜂鸟在叶子底端所筑的巢。由于体形娇小，相对的巢也小，不易被敌害发现。（图片提供/达志影像）

栖所的功能和使用

　　动物的栖所有许多功能，绝大多数的动物住家都十分隐秘，不容易被天敌找到；有些甚至可以骗过猎物，作为捕食陷阱，例如蚁狮、穴小鸮、蜘蛛等。动物的栖所，可以用来躲避严寒、酷热，或是用来休息、睡觉，大多数则是为了产卵和育幼。某些动物还会在巢穴中为子代预存食物，例如蜾蠃（一种胡蜂）以黏土制成壶状巢，之后将毛毛虫和蜘蛛麻痹后贮存巢中，当作孵化幼虫的食物，然后再产卵于巢中。

　　动物使用巢穴的时机及时间长短也不相同。有些动物终其一生居住在同一个栖所，像蜂类、蚂蚁等；蝙蝠洞穴甚至能传承好几个世代。有些动物平时没有固定栖所，只在繁殖季节筑巢产卵、育幼，像大多数的鸟类及部分的昆虫等等。有些动物因为食物、季节或其他干扰而丢弃旧窝，另筑新巢，住在非洲森林里的黑猩猩，甚至每晚换新家，白天在林中游荡，夜晚来临时就在树上搭建简单的新巢睡觉。

家园的守卫

养蜂场的蜂箱。图中聚集的蜂群，是负责检查和守卫的工蜂。（摄影/巫红霏）

　　有些动物的栖所也像人类的住家，有专人看门、守卫呢！蜜蜂的每个蜂巢都只有一只蜂后，所以各有一种独特的气味。除了让出门采蜜的工蜂知道回家的路，这个气味也是重要的通行证。负责守卫的蜜蜂只要觉得来者味道不对，就会释放出一种特殊的信息素，警告其他伙伴群起攻击入侵者，不管来者是误闯或是意图盗蜜的蜜蜂，还是大自然中的天敌。

　　守门蚁（Janitor Ant）在树干里造窝，也有负责看门的守卫。守卫的头形刚好堵住树上的出入口，当外出的工蚁要回巢时，会在守卫的头上轻轻拍打暗号，等守卫确定暗号和气味都正确后，才会倒退让工蚁进来，然后迅速回到原来的岗位。

如何选择巢位

（小海豹躲在洞里。）

　　动物巢穴的条件，就跟人类的住家一样，不外乎安全、舒适，因此除了隐秘之外，日照、温度、湿度、方位、食物的取得等条件，都会影响巢位的选择。

各取所需

　　由于生活形态差异极大，动物居家环境的条件也千差万别，例如有些选择隐秘但通风良好的位置，但有些则喜欢躲藏在阴湿的石缝、土壤或树叶堆中。

　　许多鸟类筑巢时会选择遮风避雨的位置，以免辛苦筑成的巢被风雨吹坏，尤其鸟类属于恒温动物，风雨容易让巢中的雏鸟失温、死亡，幼鸟也可能被吹落地面。一般陆地动物若在地面筑巢，大多会隔离潮湿的地面。住在地底下的动物，为了防止雨水进入，就得在设计上下工夫，例如洞口的地道要倾斜而不能垂直（避免雨水直接滴入），或在

沙漠的陆龟所居住的环境非常恶劣，夏天气温可达60℃，冬天则低到0℃以下。它们大都待在自己挖的坑道里，只在适当的时候出来觅食。（图片提供/达志影像）

豺的幼犬在自家的洞口。洞穴除了能挡风遮雨之外，还有白天阴凉、晚上温暖的优点。（图片提供/达志影像）

洞口加上门盖。

　　日光直晒处和阴影区比起来，温度通常较高，部分水生动物如鲑鱼，会避免在无树荫的河岸筑巢、产卵，以免卵在高温下无法孵化。此外，日光直晒的地方温度变化也较大，较不适合居住。

　　许多鸟兽的巢穴还讲究开口的方位，以配合栖地的气候，有的是迎向温暖日光，有的则避免冷风灌入；部分动物还随季节而改变巢口方向，例如春天时棕曲嘴鹪鹩的巢口要避开冷风，到了夏天则转向凉风。

在电塔上筑巢的白鹳，既可避开地面上的天敌，也几乎不会受到人类的干扰。（图片提供/维基百科）

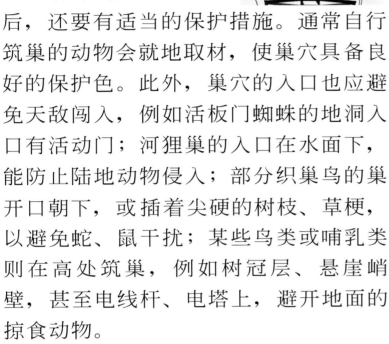

各种保护措施

动物选好巢位后，还要有适当的保护措施。通常自行筑巢的动物会就地取材，使巢穴具备良好的保护色。此外，巢穴的入口也应避免天敌闯入，例如活板门蜘蛛的地洞入口有活动门；河狸巢的入口在水面下，能防止陆地动物侵入；部分织巢鸟的巢开口朝下，或插着尖硬的树枝、草梗，以避免蛇、鼠干扰；某些鸟类或哺乳类则在高处筑巢，例如树冠层、悬崖峭壁，甚至电线杆、电塔上，避开地面的掠食动物。

部分动物在巢穴四周划分领域，一旦外敌侵入，就出声威吓或追咬驱赶，但自卫能力较差的弱小种类，就可能弃巢，另觅新巢。部分鸟类弃巢时，被迫放弃未孵化的蛋；某些鼠类弃巢前甚至会先吃掉自己的幼仔。

为了预防蛇、鼠等天敌，织巢鸟会把开口设在巢穴的下方。巢的优劣也是雌织巢鸟选择配偶的条件。（图片提供/达志影像）

危险的蝙蝠洞

天然洞穴或是废弃的矿坑、隧道等，阴暗、隐秘，天敌不易侵入，加上湿度高、温度稳定，很适合蝙蝠躲藏、休息，或育幼、冬眠，聚集的蝙蝠往往成千上万，甚至可达数百万只！不过，这些蝙蝠舒适的居家环境，对人类却极度危险，除了里面可能躲藏毒蛇之外，蝙蝠排泄物所散发的刺鼻氨气，以及洞穴中氧气不足，都可能使人昏迷、休克，甚至死亡。

蝙蝠洞内充满了危险，还有刺鼻的氨水味，但是蝙蝠的排泄物含有大量的磷、氮和硝酸盐，可作为肥料。（图片提供/达志影像）

现成的家园

（小丑鱼。图片提供/维基百科）

许多动物为了躲藏、休息或繁殖，会在环境中搜寻适合自己居住的地方。这是一场时间和空间的竞赛，有时是先占先赢，有时不得不把家拱手让人。

处处有洞天

在大自然中，各种洞穴如树洞、泥洞、岩洞等，以及枯木、落叶或石头下的缝隙等，都可以作为动物现成的巢穴。这些现成的居家，通常是先占先赢，除非后来者能够驱走前位屋主。有些动物占据后，一住多年，例如鲈鳗可守住同一个洞长达十几年；有些则当作临时的庇护所，经常更换，这类动物对栖所的要求不高，通常是一个简单的躲藏处。

动物会选择适合自己

动物选择栖所时，通常会考虑配合自己的体形，避免过大而招致其他动物入侵。图为小浣熊躲在大小相当的树洞里。（图片提供/达志影像）

体形的空间入住，例如水中的狭长岩洞，适合鳗鱼等长形动物栖居；而蜈蚣等身体扁平的动物，喜欢避居在岩石的缝隙。体形小的动物，如果住进大洞穴，可能引来其他大型动物捕食。适合自己体形的栖所，才有保温及保护的效果。

以其他生物为家

有些动物居住在其他生物体内，如果对宿主有害，就称为"寄生"，例如

珊瑚礁提供了许多隐蔽的洞缝，让鱼、虾等小型动物躲藏、休息，是海洋中很重要的天然栖所。

许多昆虫住在植物体内，引起植物组织扭曲、坏死等。但有些宿主却不受打扰，例如身长不到6毫米的豌豆蟹，住在蛤类的壳内，不但接受保护，还可分食蛤的食物，这类关系称为"巢穴寄生"。

有些生物则和寄居的动物建立友好的"共生"关系，双方各蒙其利。例如榕果小蜂在榕树的隐花果内产卵，孵出的幼虫以榕果内的组织为食，榕果小蜂成熟后飞出榕果，就能携带花粉为榕树传粉。

枯木为各种动物提供了栖所，除了常见的鸟类和小型哺乳类之外，还包括多种昆虫。图为产卵中的姬蜂。（图片提供/达志影像）

先占先赢

占用巢穴需靠自身的竞争实力，但有时"机运"却大于本身的实力。热带海洋中的珊瑚礁能提供充分的食物与庇护所，因此聚集许多珊瑚礁鱼类，但是居住其间的鱼种组成却经常变动。原因是热带海域经常出现台风，让礁区原有的居民大量死亡。当原有的栖洞空出后，新的主人未必是原来的鱼种，而是看哪些种类的幼鱼正好在这个空档从水层中沉落到礁区定居。先占先赢的结果，使鱼种组成重新洗牌。

在栖所的竞争中，通常是先占先赢。（图片提供/维基百科）

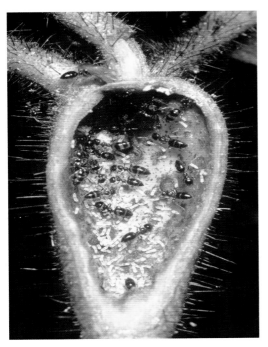

有些蚂蚁以叶柄为家，不但隐蔽，而且能享用植物的汁液。（图片提供/达志影像）

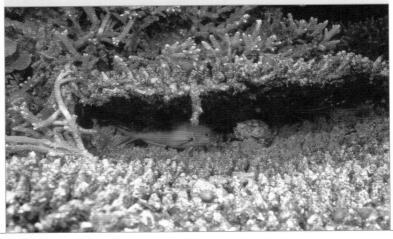

动物建筑师

（岩燕和自己挖的巢。图片提供/GFDL，摄影/Ejdzej）

除了寻觅现成的栖所，也有不少动物能依自己的需求，打造自己或下一代的住家，堪称"自然界的建筑师"。

黄金鼠在嘴里塞入大量的干草，准备带回去铺在巢穴里。（图片提供/达志影像）

自造住家的优点

动物的家主要用来藏身或繁殖，是攸关种族繁衍的大事，一点也马虎不得。对某些动物来说，要找到"现成的家"并不容易，就算有，也会引发激烈的竞争，从而限制族群的发展。如果动物会自己挖洞或筑巢，在一块合适的栖地上就能容纳较多的成员，对族群的发展有利。这股进化的力量，让许多动物具有自造住家的能力。

不过，筑巢比寻找现成的住家耗费精力，因此有些动物虽然会筑巢，但也会利用现成的巢穴，例如翠鸟能用坚实的嘴在河岸掘洞育幼，也会挑河堤边现成的石洞居住。

形形色色的筑巢动物

最常见的筑巢动物，就是鸟类和昆虫。它们有的挖洞、有的筑巢，种类多样，而且不乏精巧、复杂的杰作。鸟类筑巢的目的，主要是为了繁殖，等下一代成长后就会弃巢。昆虫筑巢的目的较为多样化，除了藏身，有些还兼作捕食的陷阱，例如新西兰萤火虫的幼虫会吐丝做

依材料和环境的不同，各种鸟类所筑的巢也不一样，除了常见的碗状和浅盘状之外，还有洞穴类的沙洞、树洞以及浅坑洞等。（插画/陈和凯）

翠鸟　蓝知更鸟　雉鸡　啄木鸟　洞穴里的翠鸟幼仔

巢，并在巢下垂放钓线来黏取猎物；有些是为了产卵，并在巢中预存食物，留给将来孵化的幼虫，例如埋葬虫会将动物尸体埋在地下，并在里面产卵、育幼。

　　在哺乳类中，通常只有小型种类才会建造固定的巢穴，如兔子、啮齿类、食虫类等。牛、羊、马、鹿等大型的草食动物是四处走动；狮、虎、豹等大型肉食哺乳类虽有领域行为，却没有特定的巢穴。鱼类大多没有固定栖所，或只选择现成的洞穴、岩缝隐匿，但少数护卵的鱼种，会主动筑巢，例如棘鱼。会自己筑巢的两栖类、爬虫类很少，有些会挖洞或堆集枝叶产卵，构造通常十分简单。

有些昆虫在茎叶上产卵，并造成肿瘤般的病变组织，称为虫瘿。幼虫住在其中，既安全，又能以虫瘿为食。
（图片提供/GFDL）

动手做蜂巢收纳盒

　　由多个正六边形所组成的蜂巢，拥有很强的支撑力和紧密的结构，我们也可以自己做来摆置小物品！准备材料有塑胶瓦楞纸板（桔色、蓝色）、刀片、直尺、热熔胶。　　（制作/杨雅婷）

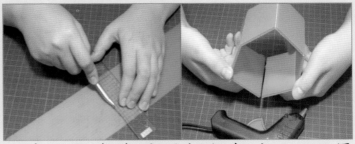

1. 先于长条塑胶瓦楞纸板上，以5厘米为距离划上一刀（有2层不能割断！）。
2. 依先前割划的刀线，将瓦楞纸板折成六角柱，并用热熔胶固定。

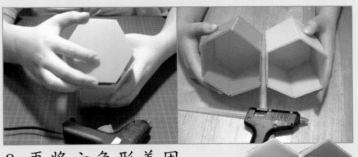

3. 再将六角形盖固定于六角柱上。
4. 将总共7个立体六角形组合并以热熔胶固定。

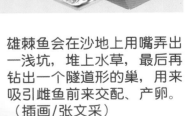

雄棘鱼会在沙地上用嘴弄出一浅坑，堆上水草，最后再钻出一个隧道形的巢，用来吸引雌鱼前来交配、产卵。
（插画/张文采）

筑巢的材料

（切叶蚁。图片提供／达志影像）

寻找现成的住家或就地挖洞居住，不需要什么特别材料，顶多在坚硬的洞穴或地板上，铺上柔软的草、毛等作为衬垫。然而，自行筑巢的动物，就得细心寻找适合筑巢的建材，或以自身的唾液、分泌物来作为辅助。

粪金龟用牛粪滚成一颗球，并将卵产在里面。幼虫便以粪球为家，吃住都靠粪球。（图片提供／达志影像）

天然的建材

动物筑巢的材料，绝大部分取材于自然界，如树叶、草茎、枝条、黏土、小石块，一来是取得容易，二来具有天然的保护色。如果筑巢的材料枯干或被雨水冲毁，动物必须不时地补上新的材料。

有些动物筑巢时会加上自己的唾液或分泌物，有如水泥或黏合剂的功能，使建材更加坚固。例如白蚁以泥土混合唾液或粪便筑巢，蜘蛛用丝将几片树叶粘在一起筑巢等等。有些动物纯粹以自己吐出或分泌的物质筑巢，例如蜜蜂的腹部具有蜡腺，能分泌片状的蜜蜡，工蜂以后腿取下蜡片后送入口中，混合唾液吐出，就能用来筑巢；某些蚧壳虫会分泌棉花糖似的家，把自己裹住；蛾和蝶化蛹时，会分泌丝线把自己裹住，形成暂时的"家"。

一群切叶蚁带着"战利品"准备回巢。散在周围和叶上的小型切叶蚁是保镖，负责保护工蚁和叶子平安回巢。（图片提供／达志影像）

多样化的鸟巢材料

河乌的巢内干外湿，外围的材料是苔藓、细草和根，内里则全部由粗草编成。（图片提供/达志影像）

为了保护易碎的鸟蛋，鸟巢除了以粗硬的建材如树枝、树皮等作为巢的主体架构，还会利用动物的毛发、羽毛或植物的叶子来衬底。这些材料容易蓄积空气和湿气，因此特别保暖。有些森林中的鸟类，还会以地衣、蜘蛛丝等做巢的伪装。

住在人类活动范围附近的鸟，偶尔也会用到人造的材料，如塑胶绳、棉线、糖果纸、烟蒂滤嘴中的纤维、纸片等。有些可能出于刻意，例如蓝园亭鸟寻找蓝色的糖果纸、发夹等装饰自己的鸟巢；有些则是不小心误用，例如会以蛇皮筑巢的大冠蝇霸鹟，可能误将透明的塑料视为干燥的蛇皮。

鸟巢除了用常见的树枝和叶子之外，有些如图中的雪雁巢还会利用羽绒让窝更加保暖。（图片提供/达志影像）

蜂房为什么是六角形

蜜蜂以蜜蜡来筑巢，每个蜂房要用到数十个到上百个蜡片。为什么蜂房总是六角形呢？有人认为，六角形的巢室是建筑学上最坚固的造型；也有些人觉得，背后有数学的道理。根据数学家的研究，只有正三角形、正方形及正六边形等三种正多边形，能铺满整个平面；如果使用的材料一样多时，又以正六边形的容积最大。换句话说，正六角形的做法最节省材料，也是最经济有效的筑巢模式。

在热带草原上的白蚁丘最高可达6米。以相对体积来说，白蚁是最会盖高楼大厦的动物。（图片提供/GFDL）

筑巢的技巧

（筑巢中的黄蜂。图片提供/GFDL，摄影/Michael Apel）

人类认为"双手万能"，但对没有手的动物来说，仍然可以用嘴、脚，或身体其他部位，打造精致的巢。

嘴儿最好用

鸟类筑巢，鸟嘴扮演最重要的角色，既可折断树枝，又能将搜集到的枝叶、石头、泥块等材料衔回筑巢地点。有些大型鹰类，可以用脚爪抓握枝叶来筑巢，但小型鸟类的脚，只是筑巢的辅助工具。某些鸟类还会将找到的细长纤维，塞进羽毛中带回巢里，以减少来回载运的次数。许多鸟类也用

褐拟鳞鲀利用珊瑚礁的碎片和小石头构筑巢穴，准备产卵。（图片提供/达志影像）

织巢鸟的"巧嘴"在大自然中算是数一数二，它筑巢的动作有如穿针引线一般，非常精准、细腻。由于巢织不好就找不到配偶，所以它们的巢都得实用和美观兼备。（图片提供/达志影像）

嘴来回编织，制成精致的鸟巢。它们大多用嘴筑好巢的基本结构，再用脚、胸压平巢内衬垫的软泥、毛或草，使巢内平坦舒适。

对大部分昆虫而言，最重要的筑巢工具是大颚，脚则是搬运、理巢、折叠树叶时的辅助工具。许多昆虫利用大颚切开树叶，如切叶蜂、卷叶象鼻虫（又称摇篮虫）等，并且将多汁的叶肉咬软，以便折叠成巢；有些蜂类则能边飞边用前脚和嘴搬运泥球。

新居落成

筑巢所需的时间和精力，全看巢的大小、精致程度与材料的来源而定。鸟巢主要由茎叶、枝干、泥土筑成。有些昆虫或蜘蛛只用一片叶子就能筑巢，例如卷叶象鼻虫切开一片叶子，再仔细卷成一个挂在树上的小笔筒；蜘蛛反折一片长叶，再用丝固定，构造就像遮风避雨的简单帐篷。

就地取材的种类，筑巢所花的时间较少，例如卷叶象鼻虫只要3个小时就能完成一个精致的巢。若是燕子筑巢，则必须来回衔泥一千多次，才能完工。小

蜘蛛利用自己的丝和叶子做成帐篷般的家。（图片提供/达志影像）

摇篮虫筑巢从开始到结束大约要3小时，其中包括多重步骤。为了下一代的安全，每个动作都要非常仔细。（插画/施佳芬）

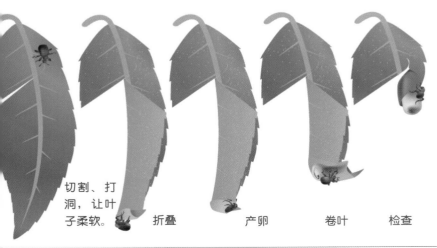

切割、打洞，让叶子柔软。　折叠　　产卵　　卷叶　　检查

盖房子，保后代

招潮蟹在海岸的高潮线附近掘穴繁殖，大型雌蟹拥有自己的洞穴，并在洞旁的地表上和好几只雄蟹交配，称为"地表交配"。相反的，大型雄蟹在地下挖洞，邀请没有洞穴的小型雌蟹入内交配，并守在洞内，直到雌蟹繁殖后，雄蟹才离开，称为"地下交配"，如此便能确保雌蟹所产的卵都是自己的后代。

别名"提琴手蟹"的招潮蟹，名称由来是因为进食的时候，小螯看起来像在拉小提琴。（摄影/傅金福）

型鸟类筑巢的工时通常不超过1周，如常见的棕扇尾莺只要3天。有些大型的鸟类却要花上2个月，例如金鹰。

筑巢之外，有些动物还须随时整修房子，如小鸊鷉鸟的双亲，趁轮班觅食的时候，衔回新鲜水草取代已枯黄的巢材。

凿洞而居

（大颚鱼进食的时候会从洞内出现。图片提供/GFDL）

从三四米的地下深处，到数层楼高的乔木顶端，都有动物凿洞居住。尤其是在缺少遮蔽物的水底、沙漠、草原、雪地或潮间带，穴居更是十分常见的生活方式。

为了避开白天的掠食者，矶蟹到了黄昏才会在海滩上出现。它所挖掘的沙穴约1米深。（图片提供/维基百科）

多样化的洞穴

无论是较柔软的草茎、软泥、松土，还是坚硬的树干甚至岩壁，都有动物凿洞居住；个子娇小的昆虫甚至在果实、树叶、草茎中穿孔居住。有些动物挖掘简单的浅穴，容自己藏身，或掩蔽产下的后代；有些则像开凿隧道一般，挖出又深又长的洞穴。

鸟类大多以喙作为挖洞的工具，如

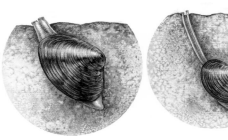

对于蛤类来说，越擅长潜沙的物种，水管和斧足就越发达。斧足关系到潜沙的能力，而洞潜越深水管则越长。（图片提供/达志影像）

啄木鸟、翠鸟等等；哺乳类则常用强壮的脚爪；鱼类大部分以胸鳍或尾鳍在底泥上不断扇动，借由水流的力量，形成浅洞，如鲑鱼；虾、蟹多用大螯挖洞；许多昆虫则以强壮的大颚咬穿植物的纤维，或以特化的足掘开泥土，如蝼蛄。

一只铁色矮鸮待在仙人掌洞内。由于体形娇小，它只要不发出声响几乎不会被发现。（图片提供/达志影像）

洞穴中的环境

　　洞穴的隐秘性良好，尤其是深长的洞穴，不但能隔离外界的环境，还能保护整个身体。动物挖掘的洞穴，通常仅能容纳自己的身体通过，一来节省掘洞的体力，二来把大个子的天敌挡在洞口。许多冬眠的动物或进入蛹期的昆虫，都在不受打扰的洞穴中度过。

　　洞穴中的温度比较稳定，既能防寒又能避暑。酷热的沙漠或严寒的极地，植被难以生存，动物于地下掘穴，以度过最严苛的时段，例如沙漠正午地面可达50—60℃，而蜥蜴躲藏的地道大约只有40℃，可避免炎热的阳光。躲入洞穴的动物，大都面向洞口，一来便于警戒，二来如果有外敌侵入，就可立刻攻击。

美洲草原犬鼠除了会挖掘地下坑道之外，还会"修剪"地面上的植物，使视野开阔，让草原上的掠食者无法偷袭得逞。（图片提供/达志影像）

让大船怕怕的小虫

　　有一种贝类，喜欢在木船上凿洞居住，是木船的大害。和其他贝类相比，它们的外形十分特殊，身体就像"蛆"一般，水手们称它们为"船蛆"。它们的两枚贝壳很小，挂在身体的末端，壳上有着细密整齐的齿纹，功能就像锉刀，用来挖凿木头。它们住在木穴中，水管伸出船外，取食浮游生物。当外界有敌害或环境不佳时，还能将木穴堵住。

除木船外，只要是木头制作的东西，船蛆一概来者不拒。在众多海洋生物之中，只有船蛆可以消化木材，以纤维素为营养。（图片提供/达志影像）

厄瓜多尔科隆群岛的陆鬣蜥，只有在母蜥蜴要产卵的时候才会开始挖洞。非繁殖季节，它们会待在岛上以仙人掌及其果实为食。（图片提供/达志影像）

地下城镇

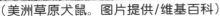

（美洲草原犬鼠。图片提供/维基百科）

有些动物以简单洞穴为家，有些却会挖掘复杂的坑道系统，连接卧室、储藏室、育婴房等，有些甚至发展成一座"地下城镇"。

因为长时间待在地底下，星鼻鼹鼠在眼睛退化的情况之下，发展出特殊的鼻子。鼻尖的星状触手触觉敏锐，可以侦测到蚯蚓等猎物。（图片提供/达志影像）

挖坑道的动物

许多小型或中小型哺乳动物，如鼹鼠、土拨鼠、盲鼠、獾、兔子、狐獴等，会在地下挖掘坑道，作为藏身、休息或育幼的场所。它们大多只在觅食时才到地面活动，而鼹鼠、盲鼠等则几乎整日躲在地下。

穴居哺乳类大多具有特殊的挖掘构造，例如獾有强而有力的前爪，鼹鼠的前肢特化成铲状，盲鼠的门牙像尖锄等等。有

獾很重视家居环境和清洁，它们会带杂草回家铺在育幼室，并在房间内设置通风口，此外，还会在自家附近固定地点上厕所！（插画/张启璀）

在出入口附近把身体、爪子弄干净。

出口

固定排泄处

育婴室

些长时间避居地下的种类，更发展出特殊感官，以适应黑暗的生活，例如星鼻鼹鼠以鼻端的触手作为触觉器官，侦测黑暗中的昆虫、蚯蚓等猎物。当然，会挖坑道的昆虫更多，除了在地下，还在树干、枯木，甚至草茎上。但是只有蚂蚁和白蚁等社会性昆虫的地下巢穴才有复杂的、多功能的坑道系统。

图中的黄金鼠正在自家的"储藏室"中检查存粮，确定冬天是否可以平安度过。（图片提供/达志影像）

完善的居住机能

　　这些坑道不但交错纵横，还通到许多各具功能的小房间。以鼹鼠为例，地道中有些房间是用来睡觉的"卧室"、有些则是铺满软草的"育婴房"，有些鼹鼠还会将蚯蚓的头咬掉，存放在"储藏室"中。群居性的土拨鼠地下城，靠近地面的坑道边还有小房间，作为"哨站"，哨兵可以在此探听地面的风吹草动。有些蚂蚁还会在巢里的"菇园"培养蕈类，供整个家族食用。

　　复杂的地下坑道常有多个分散各处的出口，如有些獾的坑道，出口多达三四十个！除了方便平时的进出，家中成员遇见敌害时，多个入口可让大家快速躲入地道、寻求掩护。另外，分散的出口也让天敌难以追踪猎物。

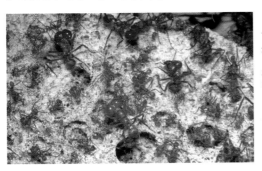

切叶蚁会裁切叶片带回巢里培养蕈类，虽然看起来无害，但有些种类可以在24小时之内将一棵树的树叶清光。（图片提供/达志影像）

叶子里的长隧道

　　一片薄薄的叶片，厚度不过二三毫米，怎么有办法挖隧道呢？个子娇小的潜叶蛾幼虫就办得到。从卵孵出后，潜叶蛾的幼虫就住进嫩叶里，啃食叶肉组织，慢慢咬出一条蚯蚓般的弯曲隧道，长大后才在叶片上化蛹、羽化为成虫。

潜叶虫住在叶片里的隧道，包吃包住，而且能避开人类的杀虫剂。为了引开它们，农夫会在农作物旁边种植容易吸引这些害虫的植物。（图片提供/达志影像）

织网成家

（蜘蛛补网。摄影/萧淑美）

利用强韧的丝线结网，是蜘蛛的独门绝技，蜘蛛网既可作为住家和捕食陷阱，也能保护卵或刚孵化的小蜘蛛。

蜘蛛网比钢丝强

蜘蛛用脚从尾部的吐丝器将丝蛋白拉扯出来，在空气中凝结成韧度极高的细丝。蜘蛛丝是自然界中已知最强韧、弹性最好的纤维，能承受的重量几乎是钢丝的5倍，可以吸收猎物飞行时冲撞入网的力量，牢牢粘住猎物。蜘蛛网大部分非常黏，用来粘住猎物，但有些部分不具黏性，供蜘蛛自己行走。

图中的黑寡妇蜘蛛小心翼翼地守护着用丝线包起来的卵。一个卵包里有100—400颗卵，不过真正能存活的平均只有30只。一只黑寡妇一个夏天能生产4—9个卵包。（图片提供/达志影像）

活板门蜘蛛平常躲在自己挖的洞里，并且用土壤、植物和蜘蛛丝做成的门遮住洞口，只要一感觉到猎物接近洞口，就会突然现身捕捉。（图片提供/达志影像）

结网蜘蛛大部分时间都在网边安静地休息、等待，一发觉猎物上网时所产生的震动，就会赶紧上前去享用大餐。有些蜘蛛将毒素注入猎物体内，有些则用丝线紧紧缠住猎物，以免猎物挣扎时将网扯坏。

母蜘蛛也常用丝线保护幼仔。有些用丝将所有的卵包扎起来随身携带；有些则将几根茎拉扯在一起，再结上厚而密的丝网，让卵在里面的空间安全孵化。

水陆空都有天罗地网

　　结网蜘蛛大部分在空中结网，最常见的就是放射状的圆网。不过，蜘蛛网还有很多样式，有些像吊床，有些像漏斗，还有的是携带式的小网子，能像渔夫撒网捕鱼般套住猎物。

　　除此之外，有些蜘蛛则在地表的隙缝或洞穴间做窝，它们自洞口牵出许多丝线，缠住经过的昆虫。穴居的活板门蜘蛛以丝线黏合泥土做一个门，一端以丝线作绞链，不但能阻挡敌害入侵，还能躲在门户半开的洞口，突击路过的猎物。水蜘蛛在水草间结网，当潜入水中时，体表的绒毛间会附着许多气泡，它们将气泡储存在网中，然后就在气泡里产卵育幼。

水蜘蛛利用水生植物结网，网下形成一个储备空气的钟形罩。水蜘蛛身上长满绒毛，潜水时绒毛上带着小气泡，这是网下储存空气的来源。（图片提供/达志影像）

大自然的裁缝师

　　动物的筑巢技巧令人叹为观止，有些动物还因此博得"裁缝"的美名。例如有"裁缝蚁"之称的织巢蚁，能利用幼虫吐出的丝线，将树叶粘成大如篮球的蚁巢，刚开始是由工蚁用嘴和脚将树叶用力拉近，然后其他工蚁再衔着幼虫，一左一右地摆动，让丝像针线一样在叶间来回穿梭，将它们"缝"在一起，再慢慢扩大成蚁巢。又名"裁缝鸟"的长尾缝叶莺，也能用嘴将叶片穿孔，再以蜘蛛丝缝成杯状，托起圆形的鸟巢。

努力将两片叶子拉近的"裁缝蚁"。拉近之后，其他工蚁会叼着幼虫利用它们的分泌物把叶子"缝"在一起。（图片提供/达志影像）

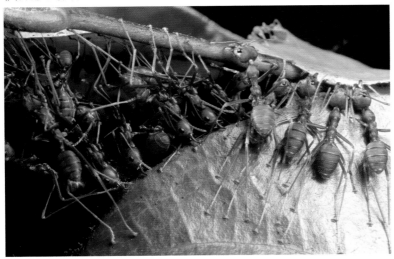

右图："裁缝鸟"可是货真价实的"裁缝"。它先将叶片打洞，再用植物的纤维或是蜘蛛丝缝起来，完成之后便在叶子里筑巢。（图片提供/达志影像）

旧窝新用

（蝙蝠群栖。图片提供/GFDL，摄影/Mnolf）

寻觅巢位、修筑新巢的工作都耗时费力，如果使用现成的旧巢穴，就能省下不少时间和精力，转而用在求偶、育幼或觅食方面。

白鹳有认窝的习性，每年都会回到自己的旧巢，并加以补修。（图片提供/达志影像）

 ## 旧巢是品质保证

巢穴能够遗留下来，通常是相当坚固，而且位置不错。燕子或一些大型鹰类等，可以凭着记忆，找到去年的旧巢，检查后略加整修，就能再次使用；如果已被其他同类占用，才会另筑新巢。使用旧巢，除了节省精力、环境熟悉外，也不必承担在陌生地点筑巢的风险。

只要条件符合，部分动物也会利用其他动物的旧巢，如八哥使用喜鹊的旧巢、野兔借用鼹鼠的地洞、挖穴鼠

有时候野兔会利用鼹鼠所挖的地下坑道为家。由于两种动物的体形类似，所以相当适合。（图片提供/达志影像）

其实很少自己挖穴道而是使用其他啮齿动物的通道。某些巢穴受到天然灾害或人为干扰而空出时，往往就会吸引新居民入住，例如蝙蝠洞等。

正在将树洞缩小的五子鸟。这种鸟会住在啄木鸟离弃的旧巢，并利用泥巴等材料将树洞缩小。（图片提供/达志影像）

老鹰回来了

猛禽常在高处筑巢，以取得居高临下的优势。除了山崖、树顶，连城市里大厦的屋顶、窗台，有时也会获得它们的青睐。

近年来，一对老鹰在日本大阪一家饭店的20楼外筑巢，并顺利繁殖两只幼鸟；它们不但吸引了媒体的报导，还受到贵宾般的照顾和礼遇；因此，几乎年年重回旧地筑巢产卵。

其实，这可能意味着自然环境中适合筑巢的栖地太少了，迫使老鹰转往人类的都市中寻找合适的栖所；只要不被人类破坏、打扰，它们每年时候一到，大多会返回旧巢。

世代相传的住家

部分鸟类和小型哺乳类的住家，就像家族的"不动产"一般，由晚辈继承。这些动物大多领域性强，或筑巢地点一位难求，例如台湾蓝鹊、地犀鸟等；年轻动物会留在家中帮忙觅食、育幼、守卫，一旦父母或巢穴中位阶较高的个体死亡或失踪，它们就能顺利继承巢穴。部分个体即使没有机会繁殖，也能帮助亲族繁衍下去。

有些群居动物修建的栖所，也会代代使用，例如适合育幼、休息的蝙蝠洞不易寻觅，通常代代沿用。土拨鼠、獾的地下坑道占地广阔，也是逐代沿用。

有时候土拨鼠冬眠时会在冬眠专用的地下坑道，等到冬天结束就会回到原来的洞穴。（图片提供/达志影像）

俗称长尾山娘的台湾蓝鹊，尾巴的长度占了全身的三分之二，是领域性极强的鸟类。（摄影/傅金福）

适合蝙蝠繁殖居住的洞穴不容易找到，所以蝙蝠洞通常是代代相传。（图片提供/达志影像）

动物社区

（狐獴性喜群居。图片提供/GFDL，摄影/Scott Sandars）

许多动物也和人一样，会聚集在一起生活，形成"社区"。有些动物社区由不同的动物组成，有些则清一色是同种的动物。

在珊瑚礁一带，有适当的栖所和丰富的食物，因此聚集了多种鱼类而形成动物社区。

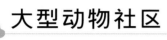

大型动物社区

有些地区因为食物来源丰富，再加上地形复杂，可供许多种类的生物共同居住，例如热带的珊瑚礁海域，由于阳光可以穿透而孕育出各式各样的藻类，并发展出各种食物链，再加上错综复杂的礁岩，构成大大小小的洞穴，因而吸引了众多鱼类、虾蟹、贝类入住。陆地上，层次分明的森林中，一棵树便能吸引不同的动物共栖于不同的树冠层上。

有些动物虽然生活在单调的环境，但却能和自己家族的成员共同建立大型的动物社区，例如在开阔的草原上，美洲草原犬鼠可挖掘复杂的地下坑道，容纳数千只成员！

群栖的优点

动物通常为了共同的利益或目标，才居住在一起。例如海鸟通常群栖筑巢，这是因为缺乏障蔽的海滨，能筑巢的安全地点不多，集体筑巢能共同警戒，又能合作赶走入侵者；再说，声势浩大的社

猫鼬是独居性的动物，但是也有喜欢群居的种类。图中的猫鼬一群的数量通常是12—15只。（图片提供/达志影像）

区，也有助于宣示领域。有时当父母必须出外觅食时，留在社区内的幼儿也多少能得到一些保护，例如企鹅或蝙蝠等等。

海鸥

海燕

海鹦

塘鹅

（插画/吴昭季）

三趾鸥

海雀

三趾鸥

海雀

鸬鹚

海鹦属于海雀科，繁殖时会在陆地上形成社群，其他的时候生活在海上。（图片提供/达志影像）

　　有些群栖筑巢的动物更产生群体刺激的效应，演化出"同期化"的育幼方式，使栖地中各家几乎同时产卵，幼鸟也在差不多的时间内长成，以缩短受天敌威胁的时间，降低下一代被捕食的比例。不过，群栖当然也有缺点，譬如居住密度过高，对食

鸟类公寓

这个树上的大鸟巢里，可能有300对以上的织巢鸟，新加入的会在旧巢外添增新房间。（图片提供/达志影像）

　　南部非洲干燥地区的织巢鸟，会在树上建造共同的鸟巢，外观像个挂在树上的大草堆，拥有300间以上的小房间，重量有时超过1吨！鸟巢的门口通常朝下，并插着短草梗或硬枝，以免蛇类爬入。新加入的一对雌雄鸟，有时会住进旧房间，有时则在旧巢外添建小房间。这样的鸟巢会不断增建，直到树枝无法承受，整座鸟巢垮下来，逃出的鸟儿再另择新居筑巢！

许多鸟类喜欢在崖边筑巢，使天敌不易侵犯。由于对筑巢环境的要求不同，因此同一处崖边可以同时容纳多种鸟类。

物、空间的竞争就比较激烈；拥挤的居住环境，也使得传染性疾病与寄生虫容易传播。

共栖一处

（寄生的杜鹃。图片提供/GFDL）

在动物界中，除了亲子或具备共同利益的家族成员之外，共同栖息在同一个巢穴中的例子不多。有些是利用骗术，有些则是为同居动物提供好处，这样才能和平共处。

松鼠妈妈和19天大的幼仔。这些幼仔在4个月大的时候就会独立离开。（图片提供/达志影像）

各种亲子关系

育幼是动物筑巢的主要目的，鸟类和哺乳类的巢穴中，成员大部分为亲子关系。昆虫、鱼类、爬行类或其他不照顾幼儿的卵生动物，巢穴大多只是用来产卵，产卵完毕就离开了。

有些动物自己不筑巢，而将子代"寄生"在别人的巢穴中，出现十分特殊的"托卵行为"，例如杜鹃鸟将卵产在其他鸟类的巢中，由不知情的母鸟喂养长大。有一种蝶类的幼虫会散发特殊的化学气味，让蚂蚁误以为是蚂蚁幼虫，而将它搬回蚁巢里养大。

有些动物共栖

画眉会合力饲养幼鸟。虽然幼鸟约两星期时就能展翅飞行，但它们要待到21—31天大时，才会离开父母独立。（图片提供/达志影像）

一处并一起抚育幼儿，例如三四对冠羽画眉将卵产在同一个鸟巢，能减轻育幼的工作负担；土拨鼠也是共同育幼，因此土拨鼠幼时可在坑道中四处通行，家族中的母鼠也都会喂食，但它们长大后，就会被赶回自己家的洞。

随着下一代的成熟，亲子共处的时光便结束。幼鸟离巢独立后，亲鸟也会弃巢而去，直到明年繁殖季再筑巢。哺乳动物宝宝长大后，大多会受到驱赶或是自行离去，例如河狸在大约两岁半的时候就会离开，然后找一个属于自己的新地点建坝筑巢。

可怕的芳邻

生活于新西兰沿岸小岛上的鳄蜥，既非鳄鱼，也非蜥蜴，而是一种远在恐龙出现之前就生活在地球上的古老爬行类动物。它们居住在海边的岩石峭壁上，常以灰鹱等海鸟凿好的石洞为家，洞里另住着海鸟及它们的蛋或幼鸟。鳄蜥虽然大部分以昆虫、蜗牛为食，但有时却会吃掉鸟蛋或幼鸟。有趣的是，住在同一个屋檐下的海鸟为什么不逃走呢？科学家猜测，可能是喜好独居的鳄蜥，会驱赶其他掠食者，对海鸟具有保护作用，而被吃掉的鸟蛋或幼鸟，算是海鸟不得已缴出的"保护费"！

鳄蜥是繁殖最慢的爬行类，平均2—5年才孵化1只。它也是成长最慢的爬行类，在35岁之前都在成长。（图片提供/GFDL）

住在一起的朋友

有些动物和亲族住在一起，除了蜂、蚂蚁、白蚁等社会性昆虫，蝙蝠、土拨鼠等群居动物也是常见的例子。

在珊瑚礁的动物社区中，刺脊鱼和清洁虾会帮其他鱼类吃掉身上的寄生虫。图中的刺脊鱼正在帮另一条鱼做"清理"工作。（图片提供/GFDL，摄影/Mila Zinkova）

此外，有些不同种的动物也住在一起，它们之间有时并没有利害关系，例如日行性的雀鲷和夜行性的天竺鲷栖息于同一个岩洞中，但日夜轮班、并不冲突。少数则具有合作的同居关系，例如枪虾提供洞穴给虾虎鱼住，而虾虎鱼帮枪虾维持警戒，没有固定住所的虾虎鱼和视力不佳的枪虾恰好各取所需。

美洲草原犬鼠的家族虽然不大，但是它们喜欢群居，一个草原犬鼠社区可以有上百个家族。（图片提供/达志影像）

变换栖所

（秧鸡。图片提供/维基百科）

动物筑巢后通常不轻易变更，以免浪费时间、精力，或暴露在危险中，但有些仍必须扩建巢穴，或是迁移新址。

定期搬家

候鸟在不同的季节会前往不同的栖息地，例如欧洲白鹳夏天时常在欧洲人家屋顶筑巢育幼，冬天则飞往非洲过冬，在草原、湖泊边自由活动。大部分的候鸟只在繁殖地有固定的栖所，有些还会重

由于人们在秋季会收割巢鼠用来筑巢的高梗作物，因此它们会在冬天搬到邻近的地下洞穴或农家谷仓中。（图片提供/达志影像）

常在欧洲人家屋顶筑巢育幼的白鹳，每年都会飞回之前筑的巢。（图片提供/达志影像）

复使用旧巢。

除了候鸟，有些动物也会因季节变化而改变栖所。例如巢鼠夏季会在草茎上筑巢，用来休息、睡觉或是育幼；到了冬天，多半搬进农家谷仓或地下洞穴。季节会影响食物的来源，小竹鼠为了取食路径的改变，便抛弃旧窝，另筑新窝。南美巨鼠在水患季节，也从地穴搬到地面。

为了繁殖而筑巢的生物，通常不随便更换巢穴，因为幼小的动物随着母亲搬家十分危险。不过，蜂、蚂蚁、白蚁等社会性昆虫，随着成员日渐增多，便

必须扩大巢穴；而在繁殖季节，新蜂后、蚁后和白蚁后还要另建新巢。另外，也有少数的蜂类先在地上做窝，等到家族成员变多后，才改在树上建筑永久的巢。

图中的蚁后和工蚁正在迁徙。蚁巢有时会出现两只以上的蚁后，这时新蚁后就会带着一批工蚁另筑新巢。（图片提供/达志影像）

为寄居蟹留个家

就像有些人类以车为家，寄居蟹背上的贝壳也像它的"移动式巢穴"。寄居蟹的家是"捡"来的，而且必须随着体形长大而随时更换大一点的房子。由于沙滩被人们破坏，有些寄居蟹不易找到完整的贝壳，只好"裸奔"，有些则住进罐头、破网球或其他人造垃圾里。因此，贝壳虽然美丽，让它们留在沙滩上，就能为可爱的寄居蟹多保留一个家！

自然界中适合寄居蟹借住的壳并不多，所以寄居蟹每次换壳都会面临生命的威胁，甚至为了争夺空壳而大打出手。

自然灾害与人为意外

除了定期搬家，动物也会因为不良的天气、天敌或其他意外，而改变居处。例如在开放水域筑巢的小鹏鹬，可能会在台风天里躲入林内，任由巢中的蛋冷僵死亡，等天气稳定后，再另筑新巢产卵。许多鸟窝一旦被蛇、鼠入侵，亲鸟就可能弃巢而去；其中有些可能还有余力重建家园，重新孵一窝卵；有些则必须等待下一次的繁殖季到来。

人类的侵扰，也常是动物变换栖所的原因，例如扑灭白蚁窝、采摘鸟巢和蜂巢、砍伐树木等等。

小鹏鹬会在台风天里躲藏起来，直到台风过后再觅新址筑巢。（图片提供/达志影像）

人造栖所

（鹗在人工设施上筑巢。图片提供/维基百科）

随着人类活动范围扩大，自然环境遭到人类侵入，许多动物失去栖所，但也有若干动物进入城镇，甚至以人类的居处为家，或是住进人类刻意为它们准备的栖所。

由于自然环境的破坏，鸟类不易找到筑巢的地点，便由人类代劳建筑鸟屋。（图片提供/达志影像）

觊觎人类的建物

人类用砖块、水泥、金属建造的建筑，比自然环境中的岩洞、树洞更加坚固，因而废弃的房舍、隧道、矿坑、涵洞或水沟等，就成为动物的家。即使随意丢弃的家具或垃圾，也可供动物躲藏，例如丢弃野地的马桶，积满雨水后就是蛙类产卵的处所。

躲在啤酒瓶里的虾蛄。由于虾蛄习惯躲在洞里，这个啤酒瓶的出现让它省了不少挖洞的麻烦。（图片提供/达志影像）

即使有人居住的房子，也吸引一些蜘蛛、蟑螂、壁虎或鸟类。有人住的房屋不但能遮风避雨，家中储存的食物，或吃剩的厨余、垃圾，或阻塞在水管中的食物残渣等，都可成为动物的食物来源。

有些建筑的外墙，也为动物提供住所，屋檐供燕子、蜂类做窝，墙壁裂缝有部分爬行类、昆虫定居，有时排油烟机的出口、高眺的窗台上，甚至电塔、电线杆顶端，也有习惯在高处筑巢的鸟类做窝。

在养蜂场中，人们准备蜂板，供蜜蜂居住和酿蜜。（摄影/张君豪）

为动物备新家

除了养殖用的蜂箱、鱼池或各种动物栏舍之外，出于保护动物或复育环境的理由，人类也会专门为动物准备栖所。例如在森林中为无法自行挖掘树洞的鸟类放置巢箱，或是将老旧报废的军舰、游艇炸沉，在海底形成"人工鱼礁"。

不过，人造的栖所有时会衍生其他问题，例如原本充当鱼礁的废弃轮船，船体金属会腐蚀，而使海水酸碱值改

人工鱼礁可以营造生态环境，因为有些无脊椎动物行固着生活，而人工鱼礁可以提供它们栖所，之后，直接或间接以它们为食的鱼类等其他动物，便跟着出现了。（图片提供/达志影像）

罗马禁用圆形鱼缸

2005年，意大利罗马市政府基于不人道的理由，禁止市民用圆形的鱼缸养鱼，原因是这种人造的栖所除了让鱼失去方向感外，也无法提供足够的氧气。圆形鱼缸和空气的接触面积小，溶氧量不及方形或矩形鱼缸，不适合饲养需氧量较大的鱼种。

圆形鱼缸除了让鱼失去方向感和缺氧之外，也不好清理。

变。近年来人类体会到保护自然环境的重要，开垦山坡地、河岸、海滨时，以蛇笼状或石块堆叠等方式模仿自然环境的"生态工程"，取代整片覆盖的水泥，便是为了留给昆虫、两栖类、虾蟹等小型生物居住的空间。

英语关键词

庇护所	shelter
栖地	habitat
领域	territory
红树林	mangrove
珊瑚礁	coral reef
巢	nest
洞	hole
地下	underground
洞穴	cave
隧道	tunnel
地道	burrow
缝隙	crack
鸟舍	birdhouse
蜂巢	beehive
蚁窝	formicary
蜘蛛网	spider-web, cobweb
虫瘿	gall

沉船	shipwreck
人工鱼礁	artificial reef
天然的	natural
人造的	artificial, man-made
建筑师；建造者	architect, builder
技术；技巧	skill
挖掘	dig
纺织	weave
巢材	nesting material
唾液	saliva
黏合剂	adhesive
鸟喙	beak
爪	claw, talon
前爪	forepaw
社区	community
群体	group, herd

天敌　predator

猎物　prey

体形　body size

占据　occupy

陷阱　trap

搬迁；搬家　move

觅食　forage

繁殖季节　breeding season

产卵　laying eggs

干扰　disturbance

意外　accident

继承　inherit

下一代　next generation

共生　symbiosis

河狸　beaver

黄金鼠　golden hamster

鼹鼠　mole

獾　badger

美洲草原犬鼠　prairie dog

蝙蝠　bat

翠鸟　kingfisher

白鹳　stork

织巢鸟　weaver bird

海鹦　puffin

招潮蟹　fiddler crab

鳄蜥　tuatara

蜘蛛　spider

切叶蚁　leaf-cutting ant

切叶蜂　leaf-cutting bee

白蚁　termite

新视野学习单

1 关于动物的栖所，下列叙述哪个是正确的？（单选）
  1.蜂类和蚂蚁会常常搬家。
  2.河狸会筑坝拦水，在河中建筑小屋般的巢。
  3.阿德利企鹅会用卵石做复杂的碗状巢。
  4.美洲草原犬鼠喜欢独居。
          （答案见06 — 07页）

2 以下哪些是动物栖所的功能？（多选）
  1.繁殖育幼
  2.游乐场
  3.捕食陷阱
  4.冬眠
          （答案见06 — 07页）

3 比较以下各种栖息位置，哪个位置较安全，请打✓。
  1.树上（ ）   5.地面（ ）
  2.石缝（ ）   6.岩石表面（ ）
  3.洞内（ ）   7.洞外（ ）
  4.裸露的枝干（ ）   8.树丛中（ ）
          （答案见08 — 09页）

4 关于各种动物栖所的叙述，正确的画○，错误的画×。
  （ ）卷叶象鼻虫的巢是由叶片制成，可以住又可以吃。
  （ ）家燕发现旧巢损坏，就会再造一个新巢。
  （ ）群栖生活好处多，但传染病也较容易传播。
  （ ）穴居动物所栖息的洞穴愈大愈好，活动空间才足够。
          （答案见08 —11、27 页）

5 以下哪些是自行建造家居的优点？（多选）
  1.不受限于自然环境。
  2.可依自己的体形量身打造。
  3.防护措施较现成的巢穴优良。
  4.较节省体力时间。
          （答案见12—13页）

6 请将左列的动物和右边使用的筑巢材料连起来。

蜜蜂·　　　　　　　·泥巴

切叶蚁·　　　　　　·水草

棘鱼·　　　　　　　·蜜蜡

家燕·　　　　　　　·叶子

（答案见13—15页）

7 关于动物建造栖所的叙述，正确的画○，错误的画×。

（　）鼹挖掘的地下坑道只有一个出入口。

（　）船蛆喜欢在木制的船上凿洞居住。

（　）蜘蛛都是结网筑巢。

（　）鸟巢的主要材料是茎叶、枝干和泥土。

（答案见16—23页）

8 请将适当的动物填入空格。

鼹鼠、啄木鸟、卷叶象鼻虫、矶蟹

_____用喙在树上打洞。

_____用大螯在沙滩上挖洞。

_____用强力的大颚咬穿叶子纤维。

_____用强壮的脚爪挖掘地下坑道。

（答案见18—21页）

9 连连看，以下动物的栖所各在什么环境?

河狸·　　　　　　　·树枝上

织巢鸟·　　　　　　·地底下

活板门蜘蛛·　　　　·河流中

卷叶象鼻虫·　　　　·叶子上

（答案见06—09、16、22页）

10 关于栖所成员的叙述，正确的画○，错误的画×。

（　）土拨鼠的社区中，母鼠会互相保护、喂食幼鼠。

（　）哺乳动物在长大后会和父母一起生活。

（　）居住在一起的动物，一定有利害关系。

（　）不同种的动物无法和平共存。

（答案见26—29页）

我想知道……

这里有30个有意思的问题，请你沿着格子前进，找出答案，你将会有意想不到的惊喜哦！

开始！

哪种动物筑巢前要先筑水坝？ P.06

蜜蜂如何守卫自己的家园？ P.07

哪些 终身 过家

招潮蟹为什么又叫提琴手蟹？ P.17

哪些动物会挖掘地下坑道？ P.20

为什么有些蚁巢要设置"菇园"？ P.21

太棒得美牌。

摇篮虫筑巢需要多长时间？ P.17

为什么要帮鸟类准备鸟屋？ P.32

为什么不要用圆形鱼缸？ P.33

人工鱼礁是如何形成的

P.33

切叶蜂怎样切开树叶？ P.16

为什么有些动物喜欢住在人类的家？ P.32

动物为什么会搬家？ P.30

颁发洲金

太厉害了，非洲金牌也是你的。

鸟类主要用什么作为筑巢工具？ P.16

蜜蜂的蜂房为什么是六角形？ P.15

哪种昆虫可说是最会盖大楼的动物？ P.15

粪金龟有什么

动物
没搬
P.07

为什么动物不喜欢住在日光直晒的地方？
P.08

哪种蜘蛛会在洞穴设活动门？
P.09

不错哦，你已前进5格。送你一块亚洲金牌。

了，赢洲金

自然界中弹性最好的纤维是什么？
P.22

哪些动物拥有裁缝的美名？
P.23

为什么有些织巢鸟要将巢口朝下？
P.09

太好了！
你是不是觉得：
Open a Book！
Open the World！

蜘蛛的丝除了织网，还有哪些功能？
P.23

蝙蝠洞为什么很危险？
P.09

为什么珊瑚礁会聚集多种鱼类？
P.11

大洋牌。

群栖有什么优点和缺点？
P.26—27

哪些动物会"继承"长辈的巢穴？
P.25

鸟类筑巢的主要目的是什么？
P.12

的粪球用途？
P.14

动物筑巢的材料有哪些？
P.14

获得欧洲金牌一枚，请继续加油。

什么是"虫瘿"？
P.13

图书在版编目（CIP）数据

动物的栖所：大字版 / 胡妙芬撰文．—北京：中国盲文
出版社，2014.5
　　（新视野学习百科；28）
　　ISBN 978-7-5002-5088-3

　　Ⅰ．①动… Ⅱ．①胡… Ⅲ．①动物—青少年读物
Ⅳ．①Q 95-49

中国版本图书馆 CIP 数据核字 (2014) 第 087245 号

　　原出版者：暢談國際文化事業股份有限公司
　　著作权合同登记号 图字：01-2014-2107 号

动物的栖所

撰　　文：胡妙芬
审　　订：杨健仁
责任编辑：李　爽
出版发行：中国盲文出版社
社　　址：北京市西城区太平街甲 6 号
邮政编码：100050
印　　刷：北京盛通印刷股份有限公司
经　　销：新华书店
开　　本：889×1194　1/16
字　　数：33 千字
印　　张：2.5
版　　次：2014 年 12 月第 1 版　2014 年 12 月第 1 次印刷
书　　号：ISBN 978-7-5002-5088-3/ Q·32
定　　价：16.00 元
销售热线：(010) 83190288　83190292　　　　　版权所有　侵权必究

绿色印刷　保护环境　爱护健康

亲爱的读者朋友：

　　本书已入选"北京市绿色印刷工程—优秀出版物绿色印刷示范项目"。它采用绿色印刷标准印制，在封底印有"绿色印刷产品"标志。

　　按照国家环境标准（HJ2503-2011）《环境标志产品技术要求 印刷 第一部分：平版印刷》，本书选用环保型纸张、油墨、胶水等原辅材料，生产过程注重节能减排，印刷产品符合人体健康要求。

　　选择绿色印刷图书，畅享环保健康阅读！

北京市绿色印刷工程

新视野学习百科 100 册

打开一本书　看穰一个世界
Open a Book　Open the World

ISBN 978-7-5002-5088-3

9 787500 250883 >

定价：16.00 元

绿色印刷产品